全国计算机技术与软件专业技术资格(水平)考试用书

网络管理员考试大纲

工业和信息化部教育与考试中心 编

清华大学出版社
北京

内 容 简 介

本书是工业和信息化部教育与考试中心编写的网络管理员考试大纲（2024年审定通过）。本书还包括人力资源和社会保障部、工业和信息化部的有关文件以及考试简介。

网络管理员考试大纲是针对全国计算机技术与软件专业技术资格（水平）考试的计算机网络初级资格制定的。通过本考试的考生，可被用人单位择优聘任为助理工程师或技术员。

版权所有，侵权必究。举报：010-62782989，beiqinquan@tup.tsinghua.edu.cn。

图书在版编目(CIP)数据

网络管理员考试大纲 / 工业和信息化部教育与考试中心编.
北京：清华大学出版社, 2025. 1. -- (全国计算机技术与软件专业技术资格（水平）考试用书). -- ISBN 978-7-302-66885-5
Ⅰ. TP393.07-41
中国国家版本馆 CIP 数据核字第 2024BV9732 号

责任编辑： 杨如林
封面设计： 杨玉兰
责任校对： 徐俊伟
责任印制： 刘 菲

出版发行： 清华大学出版社
    网　　址：https://www.tup.com.cn, https://www.wqxuetang.com
    地　　址：北京清华大学学研大厦A座　　邮　编：100084
    社 总 机：010-83470000　　邮　购：010-62786544
    投稿与读者服务：010-62776969，c-service@tup.tsinghua.edu.cn
    质量反馈：010-62772015，zhiliang@tup.tsinghua.edu.cn
印 装 者： 大厂回族自治县彩虹印刷有限公司
经　　销： 全国新华书店
开　　本： 130mm×185mm　　**印 张：** 1　　**字　数：** 22千字
版　　次： 2025年1月第1版　　**印　次：** 2025年1月第1次印刷
定　　价： 15.00元

产品编号：104532-01

前　　言

全国计算机技术与软件专业技术资格（水平）考试（以下简称"计算机软件考试"）是国家人力资源和社会保障部、工业和信息化部联合组织实施的专业技术资格考试，其目的是科学、公正地对全国计算机技术与软件专业技术人员进行职业资格和专业技术水平测试。计算机软件考试包括了计算机软件、计算机网络、计算机应用技术、信息系统、信息服务 5 个专业领域，初级资格（技术员/助理工程师）、中级资格（工程师）、高级资格（高级工程师）3 个级别层次以及 27 个专业技术资格。根据信息技术产业发展迅速及信息技术人才年轻化的特点，为了不拘一格选拔人才，报考计算机软件考试不限学历与资历条件。

目前，软件设计师、程序员、网络工程师、数据库系统工程师、系统分析师、系统架构设计师和信息系统项目管理师考试标准实现了中国与日本互认，程序员和软件设计师考试标准实现了中国与韩国互认。

计算机软件考试的考试大纲（考试标准）是由工业和信息化部教育与考试中心组织全国相关企业、研究所、高校的专家，通过调研大量企业的相应专业技术岗位，参考国际先进的考试标准，逐步提炼，反复讨论并达成共识，形成了专业技术人员的知识和能力与岗位相适应的考试标准。

参加计算机软件考试并取得相应级别资格证书，纳入全国专业技术人员职业资格证书制度统一规划，是各用人单位聘用计算机技术与软件专业系列专业技术职务的前提。通过考试获得证书的人员，表明其已具备从事相应专业岗位工作的水平和能力，用人单位可根据工作需要从获得证书的人员中择优聘任相应专业技术职务。取得初级资格可聘任技术员或助理工程师职务；取得中级资格可聘任工程师职务；取得高级资格可聘任高级工程师职务。

计算机软件考试的其他信息详见中国计算机技术职业资格网（www.ruankao.org.cn）。

编 者

2024 年 8 月

目　　录

关于印发《计算机技术与软件专业技术资格（水平）考试暂行规定》和《计算机技术与软件专业技术资格（水平）考试实施办法》的通知..................1

  计算机技术与软件专业技术资格（水平）考试暂行规定..................3

  计算机技术与软件专业技术资格（水平）考试实施办法..................7

  计算机技术与软件专业技术资格（水平）考试专业类别、资格名称和级别对应表..................10

关于中日信息技术考试标准互认有关事宜的通知..................12

关于中韩信息技术考试标准互认的通知..................14

网络管理员考试大纲..................16

一、考试说明..................16

二、考试范围..................17

三、题型举例..................23

人 事 部
信 息 产 业 部 文件

国人部发〔2003〕39号

关于印发《计算机技术与软件专业技术资格（水平）考试暂行规定》和《计算机技术与软件专业技术资格（水平）考试实施办法》的通知

各省、自治区、直辖市人事厅（局）、信息产业厅（局），国务院各部委、各直属机构人事部门，中央管理的企业：

  为适应国家信息化建设的需要，规范计算机技术与软件专业人才评价工作，促进计算机技术与软件专业人才队伍建设，人事部、信息产业部在总结计算机软件专业资格和水平考试实施情况的基础上，重新修订了计算机软件专业资格和水平考试有关规定。现将《计算机技术与软件专业技术资格（水平）考试暂行规定》和《计算机技术与软件专业技术资格（水平）考试实施办法》

印发给你们，请遵照执行。

自 2004 年 1 月 1 日起，人事部、原国务院电子信息系统推广应用办公室发布的《关于印发〈中国计算机软件专业技术资格和水平考试暂行规定〉的通知》（人职发〔1991〕6 号）和人事部《关于非在职人员计算机软件专业技术资格证书发放问题的通知》（人职发〔1994〕9 号）即行废止。

中华人民共和国　　中华人民共和国
　人　事　部　　　信 息 产 业 部

二〇〇三年十月十八日

计算机技术与软件专业技术资格（水平）考试暂行规定

第一条 为适应国家信息化建设的需要，加强计算机技术与软件专业人才队伍建设，促进我国计算机应用技术和软件产业的发展，根据国务院《振兴软件产业行动纲要》以及国家职业资格证书制度的有关规定，制定本规定。

第二条 本规定适用于社会各界从事计算机应用技术、软件、网络、信息系统和信息服务等专业技术工作的人员。

第三条 计算机技术与软件专业技术资格（水平）考试（以下简称计算机专业技术资格（水平）考试），纳入全国专业技术人员职业资格证书制度统一规划。

第四条 计算机专业技术资格（水平）考试工作由人事部、信息产业部共同负责，实行全国统一大纲、统一试题、统一标准、统一证书的考试办法。

第五条 人事部、信息产业部根据国家信息化建设和信息产业市场需求，设置并确定计算机专业技术资格（水平）考试专业类别和资格名称。

计算机专业技术资格（水平）考试级别设置：初级资格、中级资格和高级资格 3 个层次。

第六条 信息产业部负责组织专家拟订考试科目、考试大纲和命题，研究建立考试试题库，组织实施考试工作和统筹规划培训等有关工作。

第七条 人事部负责组织专家审定考试科目、考试大纲和试题，会同信息产业部对考试进行指导、监督、检查，确定合格标准。

第八条 凡遵守中华人民共和国宪法和各项法律，恪守职业道德，具有一定计算机技术应用能力的人员，均可根据本人情况，报名参加相应专业类别、级别的考试。

第九条 计算机专业技术资格（水平）考试合格者，由各省、自治区、直辖市人事部门颁发人事部统一印制，人事部、信息产业部共同用印的《中华人民共和国计算机专业技术资格（水平）证书》。该证书在全国范围有效。

第十条 通过考试并获得相应级别计算机专业技术资格（水平）证书的人员，表明其已具备从事相应专业岗位工作的水平和能力，用人单位可根据《工程技术人员职务试行条例》有关规定和工作需要，从获得计算机专业技术资格（水平）证书的人员中择优聘任相应专业技术职务。

取得初级资格可聘任技术员或助理工程师职务；取

得中级资格可聘任工程师职务；取得高级资格可聘任高级工程师职务。

第十一条 计算机专业技术资格（水平）实施全国统一考试后，不再进行计算机技术与软件相应专业和级别的专业技术职务任职资格评审工作。

第十二条 计算机专业技术资格（水平）证书实行定期登记制度，每3年登记一次。有效期满前，持证者应按有关规定到信息产业部指定的机构办理登记手续。

第十三条 申请登记的人员应具备下列条件：

（一）取得计算机专业技术资格（水平）证书；

（二）职业行为良好，无犯罪记录；

（三）身体健康，能坚持本专业岗位工作；

（四）所在单位考核合格。

再次登记的人员，还应提供接受继续教育或参加业务技术培训的证明。

第十四条 对考试作弊或利用其他手段骗取《中华人民共和国计算机专业技术资格（水平）证书》的人员，一经发现，即行取消其资格，并由发证机关收回证书。

第十五条 获准在中华人民共和国境内就业的外籍人员及港、澳、台地区的专业技术人员，可按照国家有关政策规定和程序，申请参加考试和办理登记。

第十六条 在本规定施行日前，按照《中国计算机软件专业技术资格和水平考试暂行规定》（人职发〔1991〕6号）参加考试并获得人事部印制、人事部和信息产业部共同用印的《中华人民共和国专业技术资格证书》(计算机软件初级程序员、程序员、高级程序员资格)和原中国计算机软件专业技术资格(水平)考试委员会统一印制的《计算机软件专业水平证书》的人员,其资格证书和水平证书继续有效。

第十七条 本规定自 2004 年 1 月 1 日起施行。

计算机技术与软件专业技术资格（水平）考试实施办法

第一条 计算机技术与软件专业技术资格（水平）考试（以下简称计算机专业技术资格（水平）考试）在人事部、信息产业部的领导下进行，两部门共同成立计算机专业技术资格（水平）考试办公室（设在信息产业部），负责计算机专业技术资格（水平）考试实施和日常管理工作。

第二条 信息产业部组织成立计算机专业技术资格（水平）考试专家委员会，负责考试大纲的编写、命题、建立考试试题库。

具体考务工作由信息产业部电子教育中心（原中国计算机软件考试中心）负责。各地考试工作由当地人事行政部门和信息产业行政部门共同组织实施，具体职责分工由各地协商确定。

第三条 计算机专业技术资格（水平）考试原则上每年组织两次，在每年第二季度和第四季度举行。

第四条 根据《计算机技术与软件专业技术资格（水平）考试暂行规定》（以下简称《暂行规定》）第五

条规定，计算机专业技术资格（水平）考试划分为计算机软件、计算机网络、计算机应用技术、信息系统和信息服务 5 个专业类别，并在各专业类别中分设了高、中、初级专业资格考试，详见《计算机技术与软件专业技术资格（水平）考试专业类别、资格名称和级别层次对应表》（附后）。人事部、信息产业部将根据发展需要适时调整专业类别和资格名称。

考生可根据本人情况选择相应专业类别、级别的专业资格（水平）参加考试。

第五条 高级资格设：综合知识、案例分析和论文 3 个科目；中级、初级资格均设：基础知识和应用技术 2 个科目。

第六条 各级别考试均分 2 个半天进行。

高级资格综合知识科目考试时间为 2.5 小时，案例分析科目考试时间为 1.5 小时、论文科目考试时间为 2 小时。

初级和中级资格各科目考试时间均为 2.5 小时。

第七条 计算机专业技术资格（水平）考试根据各级别、各专业特点，采取纸笔、上机或网络等方式进行。

第八条 符合《暂行规定》第八条规定的人员，由本人提出申请，按规定携带身份证明到当地考试管理机构报名，领取准考证。凭准考证、身份证明在指定的时间、地点参加考试。

第九条 考点原则上设在地市级以上城市的大、中专院校或高考定点学校。

中央和国务院各部门所属单位的人员参加考试,实行属地化管理原则。

第十条 坚持考试与培训分开的原则,凡参与考试工作的人员,不得参加考试及与考试有关的培训。

应考人员参加培训坚持自愿的原则。

第十一条 计算机专业技术资格(水平)考试大纲由信息产业部编写和发行。任何单位和个人不得盗用信息产业部名义编写、出版各种考试用书和复习资料。

第十二条 为保证培训工作健康有序进行,由信息产业部统筹规划培训工作。承担计算机专业技术资格(水平)考试培训的机构,应具备师资、场地、设备等条件。

第十三条 计算机专业技术资格(水平)考试、登记、培训及有关项目的收费标准,须经当地价格行政部门核准,并向社会公布,接受群众监督。

第十四条 考务管理工作要严格执行考务工作的有关规章和制度,切实做好试卷的命制、印刷、发送和保管过程中的保密工作,遵守保密制度,严防泄密。

第十五条 加强对考试工作的组织管理,认真执行考试回避制度,严肃考试工作纪律和考场纪律。对弄虚作假等违反考试有关规定者,要依法处理,并追究当事人和有关领导的责任。

附表（已按国人厅发〔2007〕139号文件更新）

计算机技术与软件专业技术资格（水平）考试专业类别、资格名称和级别对应表

资格名称\专业类别\级别层次	计算机软件	计算机网络	计算机应用技术	信息系统	信息服务
高级资格		・信息系统项目管理师 ・系统分析师 ・系统架构设计师 ・网络规划设计师 ・系统规划与管理师			
中级资格	・软件评测师 ・软件设计师 ・软件过程能力评估师	・网络工程师	・多媒体应用设计师 ・嵌入式系统设计师 ・计算机辅助设计师 ・电子商务设计师	・系统集成项目管理工程师 ・信息系统监理师 ・信息安全工程师 ・数据库系统工程师 ・信息系统管理工程师	・计算机硬件工程师 ・信息技术支持工程师
初级资格	・程序员	・网络管理员	・多媒体应用制作技术员 ・电子商务技术员	・信息系统运行管理员	・网页制作员 ・信息处理技术员

主题词：专业技术人员 考试 规定 办法 通知

抄送：党中央各部门、全国人大常委会办公厅、全国政协办公厅、国务院办公厅、高法院、高检院、解放军各总部。

人事部办公厅	2003年10月27日印发

全国计算机软件考试办公室文件

软考办〔2005〕1号

关于中日信息技术考试标准互认
有关事宜的通知

各地计算机软件考试实施管理机构：

为进一步加强我国信息技术人才培养和选拔的标准化，促进国际间信息技术人才的流动，推动中日两国信息技术的交流与合作，信息产业部电子教育中心与日本信息处理技术人员考试中心，分别受信息产业部、人事部和日本经济产业省委托，就中国计算机技术与软件专业技术资格（水平）考试与日本信息处理技术人员考试（以下简称中日信息技术考试）的考试标准，于2005年3月3日再次签署了《关于中日信息技术考试标准互认的协议》，在2002年签署的互认协议的基础上增加了网络工程师和数据库系统工程师的互认。现就中日信息技术考试标准互认中的有关事宜内容通知如下：

一、中日信息技术考试标准互认的级别如下：

中国的考试级别 （考试大纲）	日本的考试级别 （技能标准）
系统分析师	系统分析师 项目经理 应用系统开发师
软件设计师	软件开发师
网络工程师	网络系统工程师
数据库系统工程师	数据库系统工程师
程序员	基本信息技术师

二、采取灵活多样的方式，加强对中日信息技术考试标准互认的宣传，不断扩大考试规模，培养和选拔更多的信息技术人才，以适应日益增长的社会需求。

三、根据国内外信息技术的迅速发展，继续加强考试标准的研究与更新，提高考试质量，进一步树立考试的品牌。

四、鼓励相关企业以及研究、教育机构，充分利用中日信息技术考试标准互认的新形势，拓宽信息技术领域国际交流合作的渠道，开展多种形式的国际交流与合作活动，发展对日软件出口。

五、以中日互认的考试标准为参考，引导信息技术领域的职业教育、继续教育改革，使其适应新形势下的职业岗位实际工作要求。

二〇〇五年三月八日

全国计算机软件考试办公室文件

软考办〔2006〕2号

关于中韩信息技术考试标准互认的通知

各地计算机软件考试实施管理机构：

　　为进一步加强我国信息技术人才培养和选拔的标准化，促进国际间信息技术人才的流动，推动中韩两国信息技术的交流与合作，信息产业部电子教育中心与韩国人力资源开发服务中心，分别受中国信息产业部、人事部和韩国信息与通信部委托，就中国计算机技术与软件专业技术资格（水平）考试与韩国信息处理技术人员考试（以下简称中韩信息技术考试）的考试标准，于2006年1月19日签署了《关于中韩信息技术考试标准互认的协议》。现就有关事项通知如下：

　　一、中韩信息技术考试标准互认的级别如下：

中国的考试级别（考试大纲）	韩国的考试级别（技能标准）
软件设计师	信息处理工程师
程序员	信息处理产业工程师

二、应采取灵活多样的方式,加强对中韩信息技术考试标准互认的宣传,不断扩大考试规模,培养和选拔更多的信息技术人才,以适应日益增长的社会需求。

三、应根据国内外信息技术的高速发展,继续加强考试标准的研究与更新,提高考试质量,进一步树立考试的品牌。

四、应鼓励相关企业以及研究、教育机构,充分利用中韩信息技术考试标准互认的新形势,拓宽信息技术领域国际交流与合作的渠道,开展多种形式的国际交流与合作活动。

五、以中韩互认的考试标准为参考,积极引导信息技术领域的职业教育与继续教育改革,使其适应新形势下的职业岗位实际工作要求。

计算机技术与软件专业技术资格(水平)考试办公室
二〇〇六年二月二十八日

网络管理员考试大纲

一、考试说明

1. 考试目标

本考试的合格人员能够进行小型网络系统的设计、构建、安装和调试,中小型局域网的运行维护和日常管理;根据应用部门的需求,构建和维护基于 Windows 操作系统的常用服务器、了解国产 Linux 操作系统及常用命令;具有助理工程师(或技术员)的实际工作能力和业务水平。

2. 考试要求

(1)理解计算机科学、计算机系统、系统开发和运行、计算机应用的基础知识;

(2)掌握数据通信的基本知识;

(3)理解计算机网络的体系结构,熟悉 TCP/IP 协议的基本知识;

(4)熟悉常用计算机网络互连设备和通信传输介质的性能、特点;

(5)熟悉 Internet 的基本知识和应用;

(6)掌握局域网技术基础,了解常用的网络接入技术;

(7)掌握以太网的性能、特点、组网方法以及网络管理技术;

(8)掌握主流网络操作系统的安装、设置和管理方法;

（9）掌握 DNS、WWW、DHCP、FTP 等服务器的配置和管理；

（10）掌握 Web 网站的建立、管理与维护方法，熟悉网页制作技术；

（11）熟悉综合布线基础技术；

（12）掌握国产交换机和路由器的基本配置；

（13）熟悉计算机网络安全的基础知识和安全防范技术；

（14）了解计算机网络有关的法律、法规、标准化与知识产权，以及信息化的基础知识；

（15）了解开源软件的概念体系；

（16）了解计算机网络的新技术、新发展；

（17）阅读和理解计算机领域的简单英文资料。

3．考试科目设置及考试方式

（1）网络管理员基础知识，计算机化考试；

（2）网络管理员应用技术，计算机化考试。

二、考试范围

考试科目1：网络管理员基础知识

1．计算机科学基础

1.1 数制及其转换
- 二进制、十进制和十六进制等常用数制及其转换

1.2 数据的表示
- 数的表示

- 非数值表示
- 校验方法和校验码
  1.3 算术运算
    - 计算机中二进制数的运算方法
2. **计算机系统基础知识**
    2.1 硬件基础知识
      - 计算机系统的结构和工作原理
      - CPU 的结构、特征和分类
      - 存储器的结构和特征分类
      - I/O 接口、I/O 设备和通信设备
    2.2 软件基础知识
      - 操作系统的类型及配置操作系统的功能
      - 数据库系统基础知识
3. **系统开发和运行**
    3.1 软件工程和项目管理基础知识
      - 软件工程与项目管理基本概念
      - 软件开发与软件质量管理基础知识
    3.2 程序设计基础知识
      - 程序测试的目的、原则、对象、过程与工具
      - 黑盒测试与白盒测试方法
4. **计算机应用的基础知识**
    - 常用办公软件操作方法
    - 计算机在信息管理、数据处理、辅助设计、自动控制、科学计算、人工智能等领域的应用
5. **计算机网络基础知识**
    5.1 数据通信基础知识

- 数据信号、信道的基本概念
- 数据通信模型的构成
- 数据传输基础知识
- 数据编码的分类和基本原理
- 多路复用技术的基本原理和应用
- 数据交换技术的基本原理和性能特点

5.2 计算机网络基础知识
- 计算机网络的概念、分类和构成
- 协议的概念、开放系统互连参考模型的结构及各层的功能、TCP/IP 协议的体系结构及分层
- 双绞线、同轴电缆、光纤和无线传输介质的性能特点
- TCP/IP 常用协议，如 HTTP、FTP、DNS、DHCP、SMTP、POP3、Telnet、SNMP、TCP、UDP、IP、ARP、ICMP 等
- IP 数据报的格式、IP 地址、子网掩码
- 交换机、三层交换机、路由器、AP、AC、IDS、IPS、上网行为管理、防火墙等网络设备的主要功能与特点
- ADSL、HFC（Cable Modem）、FTTx

5.3 局域网技术基础
- 以太网的发展历程、分类与性能特点
- IEEE 802 参考模型
- 局域网拓扑结构
- CSMA/CD 协议
- IEEE 802.3 帧结构
- 百兆、千兆、万兆交换型以太网标准

- 无线局域网的基本原理、802.11 系列标准
- 局域网组网技术

6. 计算机网络应用基础知识

6.1 因特网应用基础知识
- WWW、主页、超级链接、HTML的概念及应用
- HTML网页设计与制作，JSP、ASP 动态网页编程技术以及 ADO 的概念和使用
- 电子邮件、FTP、Telnet 等概念及应用

6.2 网络操作系统基础知识
- 网络操作系统的概念、结构和特点
- Windows 操作系统的安装、配置和基本应用
- Linux 操作系统的安装、配置与 Linux 操作命令

6.3 应用服务器基础知识
- DNS 服务器的基本原理
- WWW 服务器的基本原理
- FTP 服务器的基本原理
- 电子邮件服务器的基本原理
- DHCP 服务器的基本原理

7. 网络管理基础知识

7.1 网络管理基本概念
- 网络管理的概念、功能，网络管理标准和网络管理模型
- 简单网络管理协议 SNMP 概述、管理信息库、SNMP 操作

7.2 网络管理基本命令

7.3 简单网络管理工具

  7.4 简单网络故障处理
8. 网络安全基础知识
- 与网络安全相关的法律法规
- 可信计算机系统的评估准则
- 计算机病毒的概念和防治
- 防火墙的基本配置
- 访问控制技术
- 漏洞扫描及防护
- 服务器安全应用
- 入侵检测、入侵防御的概念和应用
- CA 证书的概念和应用
- IPSec 的使用
- 容灾系统及应急响应的基本概念

9. 标准化基础知识
- 标准化机构
- 标准的层次（国际标准、国家标准、行业标准、企业标准）
- 相关标准（代码标准、文件格式标准、安全标准、软件开发规范和文档标准、互联网相关标准）

10. 信息化基本知识
- 信息、信息资源、信息化、信息工程、信息产业、信息技术的含义
- 全球信息化趋势、国家信息化战略、企业信息化战略和策略常识
- 知识产权基础知识和保护知识产权的法律、法规
- 开源软件的概念体系

11. 与网络系统有关的新技术与新方法
- 光纤交换网络与云存储
- 物联网与传感网络
- 网络虚拟化

12. 专业英语
- 具有助理工程师（或技术员）英语阅读水平
- 理解本领域英语基本词汇

考试科目 2：网络管理员应用技术

1. 小型计算机局域网的构建
- 局域网络设计
- 广域网接入、HFC、ADSL、FTTx+LAN、WLAN、移动通信
- ISP 与 IP 地址、子网掩码的配置
- 设备选型与部署
- 设备配置和管理
- 综合布线

2. 交换机和路由器的基本配置
- 访问交换机和路由器
- 交换机简单命令及 VLAN 配置
- 简单路由协议配置

3. 小型计算机局域网服务器配置
- Windows Web 服务器的配置和应用
- Windows DNS 服务器的配置和应用
- Windows 电子邮件服务器的配置和应用
- Windows FTP 服务器的配置和应用

- Windows DHCP 服务器的配置和应用

4. 网络系统的运行、维护和管理
- 简单网络故障的分析、定位、诊断和排除
- 小型网络的维护策略、计划和实施
- 数据备份和数据恢复
- 系统性能分析

5. 网络安全技术
- 防火墙的配置策略
- 入侵检测与防护
- 漏洞扫描与防护
- 病毒及病毒防范
- 加密、认证和数字证书、数字签名的使用
- 安全协议的应用(PGP、HTTPS、SSL、IPSec 等)

6. 网页设计与制作
- HTML 标签的使用
- ASP 动态网页编程技术
- ADO 的概念和使用
- INSERT、UPDATE、SELECT 语句的 SQL 语法

三、题 型 举 例

(一)选择题

有 4 个网络地址:192.47.16.254、192.47.17.01、192.47.32.25 和 192.47.33.05,如果子网掩码为 255.255.240.0,则这 4 个地址分别属于__(1)__个子网,其中,属于同一个子网的是__(2)__。

(1) A. 1 B. 2 C. 3 D. 4
(2) A. 192.47.16.254 和 192.47.32.25
    B. 192.47.16.254 和 192.47.17.01
    C. 192.47.17.01 和 192.47.33.05
    D. 192.47.17.01 和 192.47.32.25

（二）问答题

阅读以下说明，回答问题，将解答填入答题纸对应的解答栏内。

【说明】

请根据Windows服务器的安装与配置，回答下列问题。

【问题】

图1是安装服务器角色界面截图，通过勾选角色安装需要的网络服务。建立FTP需要勾选__(1)__，创建和管理虚拟计算环境需要勾选__(2)__，部署VPN服务需要勾选__(3)__。

图1